这本书的主人是：

U0395017

航天员 _____

献给我的弟弟弗兰克，献给我的地球同胞们。——斯泰西·麦克诺蒂

献给凯蒂、本和乔治。——戴维·利奇菲尔德

献给生活在我这里的全人类，特别献给那些践行环保的人！——地球

版权贸易合同登记号　图字：01-2024-3151

图书在版编目（CIP）数据

地球：万物家园 / (美) 斯泰西·麦克诺蒂著；(美) 戴维·利奇菲尔德绘；张泠译. -- 北京：电子工业出版社, 2024. 10. -- (我的星球朋友). -- ISBN 978-7-121-48762-0

Ⅰ. P183-49

中国国家版本馆CIP数据核字第2024AN4106号

审图号：GS京（2024）1994号
本书插图系原书插图。

责任编辑：耿春波
印　　刷：北京缤索印刷有限公司
装　　订：北京缤索印刷有限公司
出版发行：电子工业出版社
　　　　　北京市海淀区万寿路173信箱　邮编：100036
开　　本：889×1194　1/12　印张：23.5　字数：119千字
版　　次：2024年10月第1版
印　　次：2024年10月第1次印刷
定　　价：168.00元（全7册）

凡所购买电子工业出版社图书有缺损问题，请向购买书店调换。若书店售缺，请与本社发行部联系，联系及邮购电话：（010）88254888，88258888。

质量投诉请发邮件至zlts@phei.com.cn，盗版侵权举报请发邮件至dbqq@phei.com.cn。
本书咨询联系方式：（010）88254161转1868，gengchb@phei.com.cn。

我的星球朋友

地球

我这45.4亿年

万物家园

[美] 斯泰西·麦克诺蒂 / 著　[美] 戴维·利奇菲尔德 / 绘　张泠 / 译　大宝老师 / 审

电子工业出版社
Publishing House of Electronics Industry
北京·BEIJING

"世界"，

或者"太阳系的第三颗行星"。

你啊，可以叫我
"了不起的星球"嘛。

在名为"太阳系"的大家庭中，我有七个兄弟姐妹。

离我最近的是金星和火星。

也有人说我有八个兄弟姐妹，

但是冥王星更像是我们家的宠物。

在银河系家族里，

我还有几十亿个表兄弟、表姐妹。

你看，就像我告诉过你的，

我的家族真的**非常大**。

我最喜欢做两件事情：
一件是自己转圈圈，
我自转一圈需要一整天的时间；

另一件是**绕着太阳转圈圈，**

绕着太阳转一圈，我需要花上一年的时间。

我最好的朋友是月球。我们形影不离，
即使在你看不到它的时候，我们其实也在一起。
月球绕着我转一圈，需要27天7小时43分11秒。
绝对错不了，我给它精确计过时。

大约45.4亿年前，我出生了。

所以，我小时候是什么样子，
我已经不记得了。
谁能记得自己小时候的模样呢?
不过，大家都说我小时候
是个特别烫的大块头。

相册

宝宝生活照

易燃易爆，充满气体，非常暴躁！

后来，我慢慢冷静下来，
但却变得**湿漉漉**的。

我不停下雨，一下就是
许多年。

（我可没开玩笑，雨下了真的很久很久哟！）

湿漉漉的我，非常孤独。
这时候，我的海洋里冒出一些岛屿，
但是，植物和动物还没有出现。

这些岛屿们肯定也觉得孤独。
于是它们就聚到一起变成更大的岛屿，
这些更大的岛屿被叫作大陆。

盘古大陆
泛大陆，联合古陆

我记得有乌尔大陆、哥伦比亚超大陆和巨大的盘古大陆。

盘古大陆后来分裂成了七块。

北美洲

欧洲

亚洲

非洲

南美洲

大洋洲

南极洲

不过大陆板块也在持续变化。

随着我慢慢长大，生命源起，万物生长。

生命！

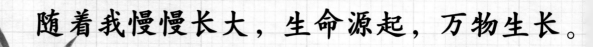

约4亿年前
有了昆虫。

约24亿年前
空气出现！
如果那时候有人类，
那么他们终于可以呼吸了！

约4.7亿年前
陆地上终于长出了植物。

（在我的前半生）

你甚至都认不出我，
虽然我一直都是圆的。

嗡嗡嗡！

45.4亿年前
我出生了！

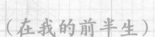

约1.5亿年前
有了鸟类！
你知道它们跟恐龙是近亲吗？

约1.3亿年前
地球上终于开出了花！
我变成了可爱美丽的星球。
这可不是吹牛哦。

约20万年前
智人诞生！他们拥有强大的大脑，用两条腿走路——最早的人类出现啦。

嗨！

约2.4亿年前
出现了第一只恐龙！

约2.1亿年前
哺乳动物行走天下！
它们毛茸茸，暖烘烘。

现在

恐龙时代是我最喜欢
的时代之一。

我是说，大家都喜欢恐龙，不是吗？
它们陪着我一起生活了1.75亿年。

直到……

我这个地球，过得
挺不容易的。
火山
喷发

冰河世纪

大碰撞

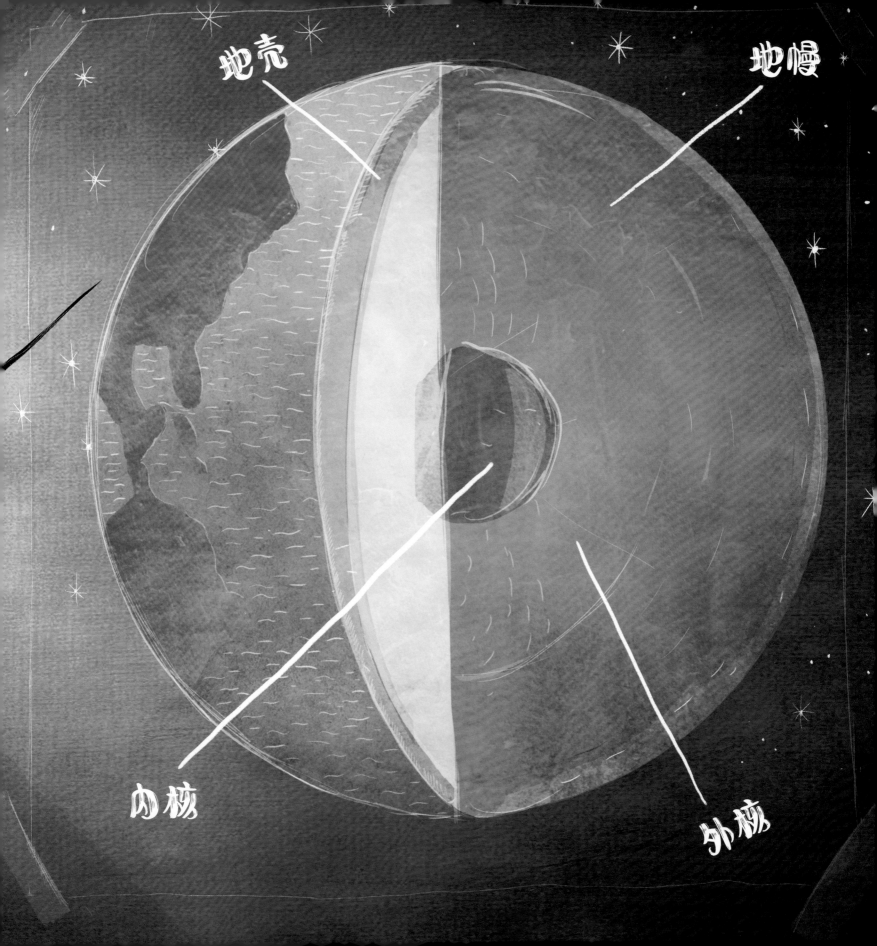

数你们人类最有趣。
其他物种可从来没有
兴趣研究我。

别的动物很友好。但它们
　除了吃喝拉撒，
根本不会花一点儿
　心思去思考
**我传奇
的一生**。

但人类有时会忘记患
难与共，忘记友善，
忘记打扫卫生。

不管怎样，我都坚信，
人类一定能爱护环境，保护地球，
干出伟大的事情。

亲爱的外星来客：

　　非常感谢你读这本书。说起地球，我可以毫不犹豫地说我是个专家，因为我一辈子都在地球上生活。我觉得地球是太阳系中最伟大的星球，不仅是因为只有这里有可呼吸的空气（我非常喜欢新鲜空气！），这里还有好吃的冰激凌和好看的书籍，当然这些也是我超级喜爱的东西。

　　也许你想对地球了解更多。也许你在考虑把地球当成度假的第二故乡。那么，后面这些信息也非常有趣，你可千万不要错过哦！

你忠实的朋友

斯泰西·麦克诺蒂

本书作家，地球人

另：　在这本书中，我已经竭尽所能用尽量准确、简洁、有趣的方式给你讲述了地球的故事。但是，要知道，科学家们每时每刻都在发现新的东西。当然，他们有时也会搞错，我也会。地球有许多秘密，希望我们对它精彩历史的探究，永不停止！

关于大陆

　　大陆指的是巨大的陆地板块，有的板块和板块被水分割开来。现如今，我们有7块大陆：非洲、南极洲、亚洲、大洋洲、欧洲、北美洲和南美洲。有些国家（也有些科学家）把欧洲和亚洲认定为一块大陆，称为"欧亚大陆"。

　　地球并不是自古以来就一成不变的。早期的大陆包括乌尔大陆、基诺兰超大陆、哥伦比亚超大陆、罗迪尼亚超大陆和盘古大陆，而盘古大陆当时占据了地球三分之一的表面积，而今天的大陆都是由盘古大陆分裂而成的。

　　并不是所有的地理学家都能对这些大陆的形成方式和时间节点达成一致。要是那时候有录像机就好了。但有一点科学家们都是认同的：地球的表面是由运动的构造板块构成的。在海底的大西洋中脊两侧的北美洲板块和欧亚板块，正在以每年几厘米的量级速度向相反的方向运动。一百万年后，地球可能看起来跟今天大不相同。

地球的位置

地球，与银河系中不计其数的其他行星和太阳一样，处在银河系中。（银河系里至少有1千亿个太阳！）我们的太阳系当然只有一个太阳、八个行星、五个矮行星和大概150个卫星。地球距离太阳大概有1.5亿千米，这个距离在一年的不同时间里稍有变化。从距离太阳最近到最远排列，八大行星依次为：水星、金星、地球、火星、木星、土星、天王星和海王星。

生命大灭绝

地球非常好客，所以我们乃至全人类，还有其他的动物和植物，都是非常幸运的。它提供给我们空气、水、食物和庇护。然而，历史上它也经历过巨变，那时候任何生命的生存都相当困难，甚至毫无生路。这样的灾难一共有五次。

* 奥陶纪-志留纪灭绝事件（约4.4亿年前）：这次灭绝很有可能是由严酷的冰河时代引起的，对海洋生物产生了巨大的影响。

* 晚泥盆纪灭绝事件（约3.6亿年前）：这次灭绝导致地球上75%的物种消失了。

* 二叠纪灭绝事件（2.5亿年前）：这次灭绝被称为"大灭绝"，因为地球上有90%的物种都消失了。

* 三叠纪-侏罗纪灭绝事件（2亿年前）：这次灭绝到底是什么原因引起的尚未可知，但是导致地球上76%的物种都消失了。

* 白垩纪-第三纪灭绝事件（约6600万年前）：恐龙灭绝了！理论研究表明，这次灭绝是由火山活动、气候变暖和小行星撞击（撞击地点在墨西哥的尤卡坦半岛）的叠加效应引起的。